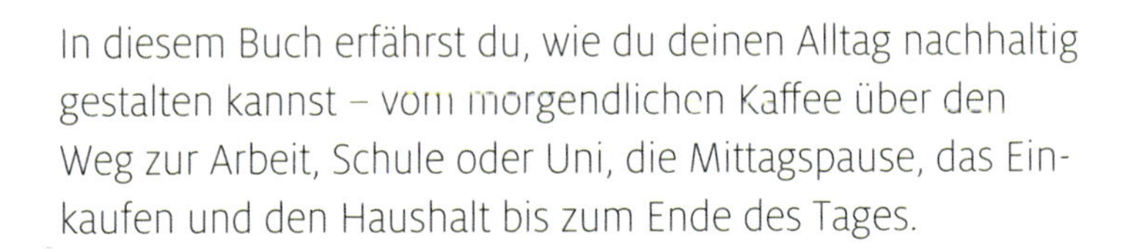

In diesem Buch erfährst du, wie du deinen Alltag nachhaltig gestalten kannst – vom morgendlichen Kaffee über den Weg zur Arbeit, Schule oder Uni, die Mittagspause, das Einkaufen und den Haushalt bis zum Ende des Tages.

Über 100 Tipps, Produktempfehlungen und verspielte Illustrationen machen dieses Buch zu einer informativen Reise für Jung und Alt auf dem Weg zu einem bewussteren Lebensstil. Fang heute an, Gutes zu tun – für die Umwelt, die Menschen und die Tiere. Und vor allem für dich.

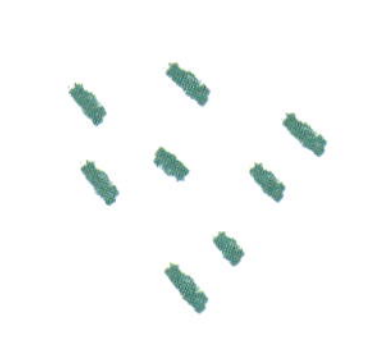

FRANZISKA VIVIANE ZOBEL

STELL DIR VOR, DIE ZUKUNFT WIRD WUNDERVOLL UND DU BIST SCHULD DARAN

KOMPLETTMEDIA

ORIGINALAUSGABE
1. AUFLAGE 2019
VERLAG KOMPLETT-MEDIA GMBH
2019, MÜNCHEN/GRÜNWALD
WWW.KOMPLETT-MEDIA.DE
ISBN: 978-3-8312-0553-0

ILLUSTRATIONEN IM BUCH: FRANZISKA VIVIANE ZOBEL
WWW.FRANZISKAVIVIANEZOBEL.NET

LEKTORAT: DEBORAH WEINBUCH, HAMBURG
KORREKTORAT: REDAKTIONSBÜRO DIANA NAPOLITANO, AUGSBURG
UMSCHLAGGESTALTUNG, SATZ UND LAYOUT: FRANZISKA VIVIANE ZOBEL, STUTTGART
DRUCK UND BINDUNG: COULEURS PRINT MORE, KÖLN

DIESES BUCH IST FÜR ALLE, DIE
DIE WELT BESSER MACHEN WOLLEN.

ABER VOR ALLEM FÜR
MARKUS, KLAUS, MONI, ALEX, CLAUDI,
TOYAH, NICI, CHIARA, SANDY UND VERENA.

WAS PASSIERT IN DIESEM BUCH?

ZUSAMMEN RETTEN WIR DIE WELT

Strände voller Plastik, Temperaturschwankungen, schmelzende Polkappen. Chemikalien und Mikroplastik in Kosmetika. Pestizidbelastetes Obst und Gemüse von Plantagen, auf denen die Arbeiter ausgebeutet werden.

Die Mehrheit der Welt hungert, während einige Wenige im Überfluss schwelgen. Unzählige Tierarten sind gefährdet, und die Wälder werden gnadenlos abgeholzt.

Ist das die Welt, wie wir sie uns vorgestellt haben? Wollen wir in dieser Welt leben, uns behaupten und sie so unseren Nachkommen überlassen?

Wer etwas für eine bessere Zukunft tun will, muss jetzt damit anfangen. Wichtig ist eine aufrichtige innere Haltung und kein vorgetäuschtes Interesse, nur um auf der Öko-Trendwelle mitzuschwimmen.

NATÜRLICH VERWANDELN WIR UNS NICHT ÜBER NACHT ZU WELTRETTERN IM HELDENKOSTÜM, ABER JEDER KLEINE SCHRITT ZÄHLT.

Wenn du ab heute deinen Kaffee aus wiederverwendbaren Thermobechern trinkst, entsteht durch dich weniger Müll in Form von Plastik und Aluminium – so sparst du Müll und rettest die Regenwälder.

Vegetarische und vegane Gerichte machen deinen Alltag bunter – wenn du auf Fleisch verzichtest, schonst du nebenbei die Umwelt und förderst deine Gesundheit.

Anstatt viele preisgünstige Kleidungsstücke im Schrank verstauben zu lassen, kannst du ein faires Bio-Baumwollshirt kaufen, welches du lange tragen kannst. So vermeidest du

Pestizide und Insektizide auf den Feldern, schützt deine Haut und ermöglichst eine gerechte Entlohnung für die Näherinnen und Näher in den Textilfabriken.

Es sind die kleinen Dinge, die überdacht werden können, um die Welt zu einem besseren Ort zu machen.

DEINE ENTSCHEIDUNGEN WERDEN GROSSES BEWIRKEN!

In diesem Buch erfährst du, wie du deinen Alltag nachhaltig gestalten kannst – vom morgendlichen Kaffee über den Weg zur Arbeit, Schule oder Uni, über die Mittagspause, das Einkaufen und den Haushalt bis zum Ende des Tages.

Fang heute an, Gutes zu tun, und trage dazu bei, die Welt positiv zu verändern. Für die Natur, deine Mitmenschen, die Tiere. Und vor allem für dich.

LEGENDE

Sozial handeln, Plastik vermeiden oder etwas für die eigene Gesundheit tun? Die nachfolgenden Symbole zeigen dir bei jedem Tipp in diesem Buch, was dein verantwortungsvolles und ökologisches Handeln bewirkt.

FAIR UND SOZIAL HANDELN

NATUR SCHÜTZEN

(PLASTIK)MÜLL VERMEIDEN

ROHSTOFFE WIEDERVERWENDEN

KEIN WASSER VERSCHWENDEN

TIERLEID VERMEIDEN

GESUNDHEIT FÖRDERN

ENERGIE SPAREN

EIN NEUER TAG

Ob der Wecker um halb sechs oder um acht klingelt – aufstehen müssen wir alle. Schon früh am Tag gibt es einige Abläufe, die du nachhaltig gestalten kannst. Dieses Kapitel handelt von Warmduschern, Kaffeekapseln und Bambuszahnbürsten. Außerdem informiert es über nachhaltige Mode. Guten Morgen, und hab einen wunderbaren Tag!

ERST MAL: KAFFEE

BRÜHE DEINEN KAFFEE AUF, ODER BEREITE IHN MIT DEM KAFFEEDRÜCKER* ZU, UM AUF KAFFEEKAPSELN AUS ALUMINIUM ZU VERZICHTEN. SCHMECKT AROMATISCH UND MACHT WACH!

* French Press aus Edelstahl von Groenenberg

KENNST DU SCHON KAFFEEKAPSELN AUS NACHWACHSENDEN ROHSTOFFEN?*

* Die kompostierbaren, plastikfreien Kapseln sind von Beanarella

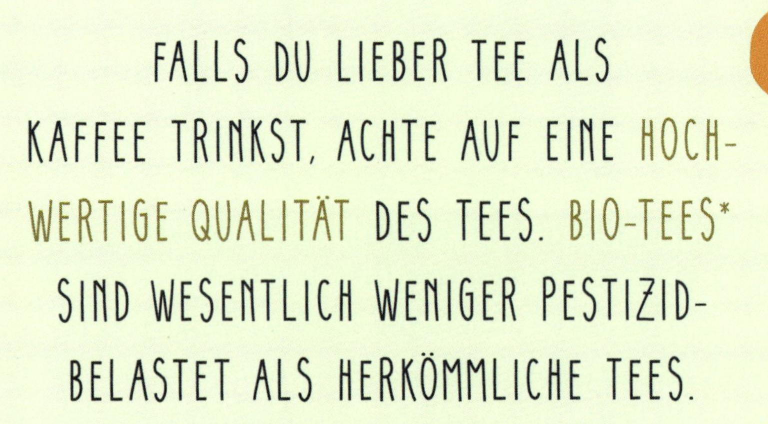

FALLS DU LIEBER TEE ALS KAFFEE TRINKST, ACHTE AUF EINE HOCHWERTIGE QUALITÄT DES TEES. BIO-TEES* SIND WESENTLICH WENIGER PESTIZIDBELASTET ALS HERKÖMMLICHE TEES.

* Tolle Bio-Tees gibt es z. B. von Yogi Tea und Sonnentor

GENIESSE GUTEN FAIRTRADE-KAFFEE!*

* Fairtrade- und Bio-Kaffeebohnen von GEPA Kaffee

WAS IST FAIRTRADE?

Unsere Supermärkte bieten ein riesiges Angebot an Lebensmitteln aus aller Welt an. Möglich ist das nur deshalb, weil für die Produktion dieser Lebensmittel viele Menschen – vor allem in armen ländlichen Gebieten – hart arbeiten. Wer von dem Überfluss profitiert, sollte fairerweise auch an die Arbeiter aus den landwirtschaftlichen Produktionsbetrieben denken.

Wie erkennen wir Produkte, die wir mit gutem Gewissen kaufen können? Das vom Verein TransFair herausgegebene Fairtrade-Siegel hilft, faire Produkte im Supermarkt ausfindig zu machen.

MIT DEM FAIRTRADE-SIEGEL SIND NUR PRODUKTE AUSGEZEICHNET, DIE NACHWEISLICH FAIR ANGEBAUT UND GEHANDELT WERDEN.

Die Fairtrade-Standards sind für Kleinbauernorganisationen, Plantagen und Unternehmen entlang der gesamten Wertschöpfungskette verbindlich. Sie sorgen dafür, dass aus sozialer, ökologischer und ökonomischer Sicht eine nachhaltige Entwicklung der Produzentenorganisationen– vor allem in den Entwicklungs- und Schwellenländern – gewährleistet ist.

Fairtrade stärkt sowohl kleine landwirtschaftliche Betriebe als auch die in der Landwirtschaft Beschäftigten durch eine Organisation in demokratischen Gemeinschaften, gewerkschaftliche Organisation (auf Plantagen), geregelte Arbeitsbedingungen sowie durch das Verbot von Kinderarbeit und Diskriminierung.

DER MENSCH STEHT BEI DER FAIRTRADE PRODUKTION IM MITTELPUNKT.

Umweltstandards fördern den Schutz natürlicher Ressourcen, schränken den Gebrauch von Pestiziden und Chemikalien ein und verbieten gentechnisch veränderte Saaten.

Den Arbeitern werden existenzsichernde Mindestlöhne bezahlt. Des Weiteren garantiert das Siegel, dass alle Handelsbeziehungen transparent sind und der Waren-und Geldfluss nachgewiesen wird.

Fairtrade-Produkte, wie Kaffee, Kakao, Schokolade, exotische Früchte und viele mehr kannst du (auf sozialer Ebende) mit gutem Gewissen konsumieren, da stets alle Mitwirkenden des Produkts wertgeschätzt werden.

FRÜHSTÜCK (TO GO)

PROBIER DOCH MAL LECKERE VEGGIE-BROT-AUFSTRICHE, TOFU UND HAFERMILCH* STATT WURST, KÄSE UND MILCH. SO WIRD DEIN FRÜHSTÜCK ABWECHSLUNGSREICH UND LECKER.

* Schau mal im pflanzlichen Onlineshop alles-vegetarisch.de vorbei

FRÜHSTÜCK UNTERWEGS? TRANSPORTIERE DEIN ESSEN IN EINER BROTBOX AUS EDELSTAHL.*

* Edelstahl-Lunchbox von Eco Brotbox

UNTER DIE DUSCHE SPRINGEN

KAUM EINER STEHT AUF EINE KALTE DUSCHE AM MORGEN, ABER ACHTE DOCH DARAUF, DASS DU NICHT ZU LANGE UNTER DER HEISSEN DUSCHE VERBRINGST.

AUCH ABTROCKNEN GEHT ÖKOLOGISCH: KUSCHELIGE HANDTÜCHER AUS LYOCELL UND BIO-BAUMWOLLE* SIND OHNE KUNSTSTOFFFASERN GUT ZU DEINER HAUT.

* Handtuch aus Buchenholzfaser und Biobaumwolle von kushel

BENUTZE SEIFEN BEIM DUSCHEN UND HAARE WASCHEN*. DIE SEIFEN SPAREN PLATZ UND PFLEGEN HAUT UND HAARE OHNE MÜLL ZU ERZEUGEN.

* Seifen von Duschbrocken, Zhenobya, und Küstenseifen

WUSSTEST DU, DASS ES RASIERER AUS RECYCELTEN JOGHURTBECHERN* GIBT?

* Rasierer von preserve

EIN RASIERHOBEL AUS EDELSTAHL* IST HOCHWERTIG UND BELASTET DIE UMWELT NICHT MIT PLASTIKMÜLL.

* Rasierhobel »Butterfly« im waschbär Onlineshop,
Edelstahl-Rasierer mit schwenkbarem Kopf von Leaf Shave

WIR MÜSSEN
JA SOWIESO
DENKEN, WARUM
DANN NICHT
GLEICH
POSITIV?

ZÄHNE PUTZEN

EINE ZAHNBÜRSTE AUS BAMBUSHOLZ* HILFT DIR, DEINE ZÄHNE STRAHLEND WEISS ZU HALTEN. SO IST DIE HERKÖMMLICHE PLASTIKZAHNBÜRSTE PASSÉ!

* Bambuszahnbürste von hydrophil

LASSE DAS WASSER NICHT LAUFEN, WÄHREND DU ZÄHNE PUTZT.

KAUFE ZAHNSEIDE* NATÜRLICH UND UNVERPACKT.

* Naturseide, mit Pflanzenwachs gewachst von bambusliebe oder mit Bienenwachs von Pure Nature

EINE ALTERNATIVE ZUR ZAHNCREME IN PLASTIK-TUBEN SIND ZAHNPUTZ-TABS.* DIESE KLEINEN TABLETTEN KANNST DU ZERKAUEN UND DANN WIE GEWOHNT DIE ZÄHNE PUTZEN.

* Zahnputz-Tabs von DENTTABS

BACK TO THE ROOTS! DIE WURZELN UND ZWEIGE DES MISWAK* (ZAHNPUTZBAUM) KÖNNEN SUPER ALS ALTERNATIVE ZUR ZAHNBÜRSTE VERWENDET WERDEN.

* Miswakzweig von Zweigbrush

PROBIER MAL EINE NATÜRLICHE ZAHNCREME* MIT KRÄUTERN.

* Biologische Zahncreme ohne Fluorid von alviana

GRÜN, GRÜNER, BAMBUS?

Bambus sieht man oft als hübschen Sichtschutz in Gärten oder im China-Restaurant. Das kräftige Gewächs kann jedoch noch viel mehr: Bambus ist eine tolle Alternative zu Plastik und zudem ein schnell wachsender Rohstoff für diverse Alltagsprodukte, von verschiedenen Möbelstücken bis zur Zahnbürste. Bambus ist trotz seiner beachtlichen Größe kein Baum, sondern ein Gras.

Rund um den tropischen Äquator wächst die Pflanze am liebsten – China ist das Land, welches die meisten Bambusmengen ins Ausland exportiert.

BAMBUS WÄCHST BIS ZU EINEM METER PRO TAG, SO KÖNNEN GROSSE MENGEN GEFÄLLT WERDEN, OHNE DEN BESTAND ZU GEFÄHRDEN.

Beim Fällen des Bambushalms stirbt nicht die ganze Pflanze, da viele Bambusarten großflächige Wurzeln haben und sehr schnell neue Pflanzen nachwachsen. Bambus ist so widerstandsfähig, dass kaum Pestizide eingesetzt werden.

DER ANBAU VON BAMBUS HAT EINE SEHR GERINGE AUSWIRKUNG AUF DIE UMWELT.

Der Bambusanbau in China ist noch nicht sehr industrialisiert und wird von Kleinbauern in kleinen Mengen angebaut und selbst geerntet. In Weltläden findet man manchmal Bambusprodukte aus fairem Handel. Bambus ist deutlich besser als Plastik – mittlerweile gibt es viele Bambusprodukte, mit denen du Zahnbürsten, Plastikschüsseln, Becher, Einwegbesteck und vieles mehr ersetzen kannst.

VIELE
KLEINE
DINGE
KÖNNEN
GROSSES
BEWIRKEN.

SPIEGLEIN, SPIEGLEIN AN DER WAND

STEIGE AUF NATURKOSMETIK* UM, UND PROFITIERE VON NATÜRLICHEN REINIGUNGSSUBSTANZEN UND GUTEN INHALTSSTOFFEN.

* Im Naturkosmetik-Onlineshop ecco-verde.de findest du natürliche Kosmetikartikel und mehr.

PRÜFE DEINE KOSMETIKARTIKEL AUF BEDENKLICHE INHALTSSTOFFE.* EIN INHALTSSTOFF, DER DIE SILBE »POLY« ENTHÄLT, WEIST AUF MIKROPLASTIK IN KOSMETIKA HIN.

* Kleines Helferlein: Die App Codecheck

VERSCHMIERTES MAKE-UP ODER CREME-RESTE KANNST DU MIT EINEM WIEDERVERWENDBAREN WATTEPAD* ENTFERNEN.

* Wattepads aus GOTS-zetifizierter Baumwolle von Anae

KOSMETIK SELBER MACHEN:* ZUTATEN ONLINE ZUSAMMENSTELLEN UND ZU HAUSE DEINE EIGENEN NATÜRLICHEN CREMES ANFERTIGEN.

* Schau mal vorbei bei der Website the-glow.de

KAUFE CREMES, GESICHTSÖLE UND MASKEN IM GLAS- ODER KERAMIKTIGEL.*

* Von Primavera und Martina Gebhardt

ACHTE AUF DAS LABEL »CRUELTY FREE« – DIESES LABEL GARANTIERT, DASS DEINE KOSMETIKPRODUKTE NICHT AN TIEREN GETESTET WURDEN.

PRÜFE, OB DEINE KOSMETIKARTIKEL DAS »VEGAN-LABEL« TRAGEN. DAS LABEL KENNZEICHNET PRODUKTE, DIE KEINE TIERISCHEN INHALTSSTOFFE BEEINHALTEN. IN VEGANER KOSMETIK KOMMEN NUR PFLANZLICHE ÖLE UND ZUSÄTZE ZUM EINSATZ.

MIKROPLASTIK IN KOSMETIKA

Mikroplastik ist die fiese kleine Schwester vom großen Plastikmüll – kleine Plastikteilchen, die mit ihrer geringen Größe von weniger als 5 Millimetern winzig erscheinen, aber ein großes Problem für die Umwelt darstellen.

MIKROPLASTIK IST BIOLOGISCH NICHT ABBAUBAR UND KANN SICH IM ABWASSER ANSAMMELN – DORT BEGINNT EIN KREISLAUF, DER SOWOHL UNS ALS AUCH VIELEN ANDEREN LEBEWESEN SCHADET.

In konventionellen Pflegeprodukten wird Mikroplastik häufig verwendet: In Peelings sollen die kleinen Plastikkügelchen helfen, abgestorbene Hautzellen zu entfernen, in Make-up oder Cremes wird Mikroplastik als Bindemittel verwendet, in Zahnpasta dient das Plastik als Putzkörper.

Durch das Duschen und Abschminken mit Pflegeprodukten gelangen die Plastikteilchen ins Abwasser. Da sie sehr klein sind, können sie in den Kläranlagen nicht herausgefiltert werden und gelangen so in Flüsse, Seen und ins Meer. Fische, Muscheln und andere Kleinstlebewesen nehmen das Mikroplastik auf, da sie es fälschlicherweise mit Plankton verwechseln. Die Meeresbewohner können Plastik nicht verwerten und so sammelt es sich in ihren Körpern an. Wenn ein Fisch dann mal auf dem Teller landet, nehmen wir das Plastik ebenfalls auf – und so ist der Kreislauf auf unheilvolle Weise geschlossen.

Was das Mikroplastik in unserem Körper anstellt, ist noch nicht bekannt. Da es aber von anderen Lebewesen nicht verwertet werden kann, scheint es auch für den menschlichen Organismus nichts Gutes zu bedeuten. Meide Kosmetikartikel, die Mikroplastik enthalten.

NATÜRLICHE GUTE ALTERNATIVEN FINDEST DU IN REFORMHÄUSERN, DROGERIEN UND ONLINE.

Verwende Naturkosmetik, denn dort ist Mikroplastik nicht zugelassen. Statt Mikroplastik werden in natürlichen Peelings oder Cremes Tonerde, Kieselmineralien, Nussschalen oder gemahlene Olivenkerne eingesetzt. Zertifizierte Naturkosmetik erkennst du an den Labels Natrue, Ecocert, BDIH oder Demeter.

WENN
DU NICHTS
ÄNDERST,
ÄNDERT
SICH
NICHTS.

UND WAS ZIEHE ICH HEUTE AN?

TRAGE ÖKOLOGISCHE TEXTILIEN,* DIE AUS BIOLOGISCHEN ROHSTOFFEN, GENTECHNIK-FREI UND FAIR PRODUZIERT WURDEN.

* Zum Beispiel von Labels wie armedangels, Thinking Mu, lovjoi, eyd Clothing und wunderwerk

DU KANNST SCHÖNE KLEIDUNGSSTÜCKE IN SECONDHANDLÄDEN* KAUFEN UND ALTE TEILE DORTHIN BRINGEN.

* Online Secondhandkleidung shoppen: kleiderkreisel.de

ACHTE BEIM KLEIDERKAUF AUF DIE ANGABE »KBA - KONTROLLIERT BIOLOGISCHER ANBAU«. DIESE KENNZEICHNET BAUMWOLLE, DIE VOLLSTÄNDIG OHNE CHEMISCH-SYNTHETISCHE PFLANZENSCHUTZMITTEL ANGEBAUT WIRD.

BRINGE KAPUTTE ODER ALTE TEILE ZUR SCHNEIDEREI – SO SPARST DU GELD, KAUFST NICHT SOFORT ETWAS NEUES UND UNTERSTÜTZT LOKALE UNTERNEHMEN.

VERMEIDE KLEIDUNGSSTÜCKE MIT PELZ, UM DIE GRAUSAME QUAL UND AUSBEUTUNG VON TIEREN NICHT ZU UNTERSTÜTZEN.

BESUCHE FAIR-FASHION-STORES* UND KLEIDE DICH MIT HOCHWERTIGEN BASICS EIN, DIE DU LANGE TRAGEN KANNST.

* Greenality, glore und deargoods haben mehrere Filialien in ganz Deutschland. Online findest du faire Mode z.B. bei avocadostore.de.

ACHTE AUF DIE ZERTIFIZIERUNG VON ÖKOLOGISCHEN KLEIDUNGSSTÜCKEN: DAS SIEGEL »GOTS«, KURZ FÜR »GLOBAL ORGANIC TEXTILE STANDARD« GARANTIERT DIE UMWELTFREUNDLICHKEIT VON TEXTILIEN.

INFORMIERE DICH BEI ORGANISATIONEN* ÜBER DIE SOZIALEN BEDINGUNGEN DER TEXTILINDUSTRIE.

* Setzen sich für faire Mode ein: Fashion Changers und Clean Clothes Campaign

EINFACH

MAL

ANFANGEN,

GUTES

ZU

TUN.

GRÜN SIND ALLE MEINE KLEIDER

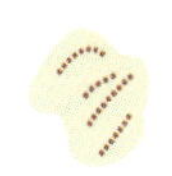

Früher kratzige Strickpullis und Gesundheitslatschen, heute schöne florale Blusen aus Tencel, faire Jeans, Hemden aus Bio-Baumwolle und jede Menge Glamour bei den Fair-Fashion-Modeshows.

Es gibt immer mehr gute Alternativen zu konventioneller Kleidung – ohne Schadstoffe, ohne Ausbeutung, ohne tierische Produkte und mit sehr viel Schick.

Nachhaltige Kleidung hat viele Namen: Eco-Fashion, Öko-Kleidung oder Bio-Mode – Kleidung, die kaum negativen Einfluss auf die Umwelt und uns Menschen hat.

VERWENDET WERDEN MATERIALIEN WIE BIO-BAUMWOLLE, TENCEL ODER LEINEN, DIE BEI DER PRODUKTION BEWUSST NICHT MIT SCHADSTOFFEN IN BERÜHRUNG KOMMEN.

Justine Siegler mit ihrem Blog »justinekeptcalmandwentvegan« und fantastischen Fair-Fashion-Guides, Madeleine Daria Alizadeh aka »Dariadaria« mit ihrem Label dariadéh, Supermodel Marie Nasemann mit ihrem Blog

»fairknallt«, sowie viele weitere engagierte Menschen zeigen in Blogs, auf Social-Media-Kanälen und bei Vorträgen, dass ökologische Mode nicht länger eine Randerscheinung ist und so schön aussieht!

Weitere Initiativen und Gruppen wie die »Fashion Changers« oder die »Fair Fashion Revolution Week« machen darauf aufmerksam wie wichtig es ist, ökologische Mode zu tragen. Für unsere Haut, die Arbeiter und die gesamte Modeindustrie.

ÉTHICAL

LEUTE MACHEN KLEIDER

Beim Shoppen erstehen wir oft zum Spaß Kleidungsstücke, deren Preis uns günstig erscheint. Dabei wird kaum daran gedacht, dass für dieses Überangebot Textilarbeiter in den Fabriken Asiens – zum Beispiel in Bangladesch und Kambodscha – unter miserablen Arbeitsbedingungen unsere Shirts, Jeans und die neuesten Trendteile für einen Stundenlohn von weniger als 25 Cent hergestellt haben.

Der Dokumentarfilm »The True Cost – Der Preis der Mode« zeigt, dass die ausbeuterischen Arbeitszeiten in den Textilfabriken keinen Raum für Freizeit und schon gar nicht für Urlaub lassen. Dadurch können sich die dort arbeitenden Menschen nicht um ihre Familien kümmern, für deren Zukunftssicherung sie die belastende Arbeit eigentlich in Kauf nehmen.

Selbst Kinder bleiben vor der zermürbenden Arbeit nicht verschont. Die ILO (International Labour Organisation) geht davon aus, dass 170 Millionen Kinder in Textilfabriken arbeiten. Die Kinder sind oftmals zu jung oder einfach nicht für die schweren Arbeitsbedingungen gemacht und leiden stark unter den miserablen Umständen und tragen bleibende Schäden davon. Wer es wagt, etwas gegen diese Ungerechtigkeit zu sagen und für den Mindestlohn demonstriert, wird verhaftet oder zum Schweigen gebracht.

DIE PRODUKTION VON BILLIGEM LEDER IN LÄNDERN DER DRITTEN WELT VERSEUCHT DIE GEWÄSSER, WODURCH SICH HAUT- UND MAGEN-ERKRANKUNGEN, SOWIE KREBS ERBARMUNGSLOS AUSBREITEN.

In Indien, wo Unmengen an Baumwolle für die Großkonzerne der Textilbranche produziert werden, setzen Bauern schonungslos Pestizide gegen die Schädlinge ein, um die Profit bringenden Ernten nicht zu gefährden. Die wachsende Widerstandsfähigkeit der Schädlinge führt zu einem immer intensiveren Einsatz von Pestiziden.

Durch den täglichen Kontakt mit aggressiven Giften werden die Menschen, die in solchen Baumwollanbaugebieten arbeiten, krank, und viele der dort geborenen Kinder sind geistig und körperlich schwerbehindert. Besorgniserregend ist, dass die gleichen Konzerne, die die Baumwollsaat liefern, auch Pestizide sowie Medikamente gegen die davon hervorgerufenen Erkrankungen verkaufen. Dadurch sind die Weichen gestellt, dass viele Bauern nach und nach in eine Schuldenspirale geraten und zum Schluss ihr Land an den jeweiligen Konzern verlieren.

DIE MODEINDUSTRIE IST NACH DER ÖLINDUSTRIE, DIE ZWEITSCHÄDLICHSTE FÜR DIE UMWELT.

2015 verursachte die Textilproduktion Unmengen an Treibhausgasen – 1,2 Milliarden Tonnen CO_2! Diese enorme Menge an Kohlenstoffdioxid ist 81-mal mehr als alle Kreuzfahrtschiffe und internationalen Flüge ausstoßen. Umso mehr ist es notwendig, dass du beim Kauf von Kleidungsstücken genau prüfst, woher sie stammen und unter welchen Bedingungen sie entstanden sind. Versuche, deinen Kleiderschrank auf grüne Mode auszurichten, und lasse es nicht weiter zu, dass Menschen und die Natur unter den Auswirkungen der Modebranche leiden.

1€

ECO-FASHION-SIEGEL

Gut aussehen und an die Umwelt denken: Wer Kleidung aus fairer, umweltbewusster Herstellung tragen möchte, sollte auf entsprechende Siegel achten. Einige sind nachfolgend beschrieben. *(Weitere Siegel werden umfassend unter siegelklarheit.de aufgelistet)*

{ PETA - APPROVED VEGAN }

PETA APPROVED VEGAN

Das Siegel kennzeichnet vegane Produkte, also Textilien ohne Materialien tierischen Ursprungs. Kein Leder, keine Seide, keine Wolle, kein Horn. Derzeit wird das Siegel von circa 1.200 Unternehmen weltweit genutzt. Peta vergibt das Siegel auf Vertrauensbasis – dennoch werden Labels, welche das »Peta - Approved Vegan« Siegel tragen, durch Laborprüfungen kontrolliert, um zu garantieren, dass die Produkte 100 Prozent vegan sind. Das Siegel kennzeichnet rein vegane Mode und gibt keine Auskunft über ökologische und soziale Produktionsschritte.

FAIRTRADE COTTON

Das Siegel »Fairtrade Cotton« kennzeichnet Textilien, die unter sozialverträglichen Lebens- und Arbeitsbedingungen produziert wurden – Kinder- und Zwangsarbeit ist verboten. In der Modeindustrie steht es an erster Stelle für den Schutz der Baumwollproduzenten. Gentechnik ist verboten und synthetischen Dünger und Pestizide werden nur eingeschränkt verwendet.

Der Bio-Anteil der Baumwolle beträgt 23 Prozent. Bei der Weiterverarbeitung der Baumwolle gelten für die Arbeiter die sozialen Mindeststandards.

IVN NATURTEXTIL BEST

Der Internationale Verband der Naturtextilwirtschaft e. V. (IVN) zeichnet mit dem »BEST-Siegel« Kleidungsstücke aus. Die Richtlinien garantieren die höchsten ökologischen Standards. Auch soziale Aspekte werden in der Herstellung der Kleidungsstücke berücksichtigt. Um das Siegel zu erhalten, müssen Textilbetriebe vor allem auf eine ressourcenschonende Produktion achten: Abfälle und Umweltbelastungen müssen unter Bewachung so gering wie möglich gehalten werden. Alle Textilien, die mit dem »BEST-Siegel« ausgezeichnet sind, bestehen zu 100 Prozent aus Naturfasern, welche aus kontrolliert biologischem Anbau oder kontrolliert biologischer Tierhaltung stammen. Bei der Verarbeitung der Materialien dürfen keine Gefahrenstoffe eingesetzt werden.

GLOBAL ORGANIC TEXTILE STANDARD

Das Siegel »Global Organic Textile Standard« (GOTS) steht für sehr hohe ökologische Produktionsstandards. Das Siegel wird an Kleidungsstücke vergeben, die aus mindestens 95 Prozent Bio-Naturfasern bestehen. Nur bei Sportbekleidung reichen 70 Prozent Naturfasern aus. Zudem sollten, wenn die Produktion eines Kleidungsstücks abgeschlossen ist, so wenige Schadstoffe wie möglich übrig bleiben. Arbeiter, die GOTS-zertifizierte Kleidungsstücke herstellen, erhalten die sozialen Mindeststandards, welche regelmäßig von zertifizierten Kontrollstellen überprüft werden. Das GOTS-Siegel verbietet Kinder- und Zwangsarbeit.

FAIR WEAR FOUNDATION

Die niederländische Stiftung »Fair Wear Foundation« will die Bedingungen der Arbeiter in der Textilindustrie verbessern. Deswegen wird bei der Vergabe des Siegels besonders viel Wert auf gute Bedingungen bei der Verarbeitung von Stoffen gelegt. Die Betriebe, in denen die Kleidungsstücke hergestellt werden, stehen im Fokus. Die Arbeiter sollen existenzsichernde Löhne erhalten und sind an der Lieferkette der Kleidung beteiligt. Zwangs- und Kinderarbeit sind verboten. Die Organisation steht für soziales Engagement, garantiert aber leider keine ökologischen Standards.

A
B

UNTERWEGS

Nach den allmorgendlichen Dingen geht es für die meisten Leute in die Arbeit, Schule oder Uni. Wie bewegt man sich am nachhaltigsten von A nach B?

Auf den folgenden Seiten erfährst du mehr über öffentliche Verkehrsmittel, Flüge kompensieren, und einen schonenden Spritverbrauch.

AUF ZWEI, VIER ODER MEHREREN RÄDERN

KURZE STRECKEN KANNST DU ZU FUSS GEHEN ODER MIT DEM FAHRRAD FAHREN – SO SPARST DU GELD, SCHONST DIE UMWELT UND BLEIBST FIT.

MIT BUS UND BAHN BIST DU IN DER STADT MEIST SCHNELLER AM ZIEL. DU MUSST NICHT IM STAU STEHEN, UND DIE PARKPLATZSUCHE ENTFÄLLT.

IM AUTO: FAHRE VORAUSSCHAUEND UND GLEICHMÄSSIG. SO KANNST DU DEINEN SPRITVERBRAUCH VERRINGERN.

BETRIEBSREISE ODER STUDIENAUSFLUG IN DIE FERNE? KOMPENSIERE DEINEN FLUG!* DU ZAHLST FREIWILLIG EINEN ENTFERNUNGS-ABHÄNGIGEN BEITRAG, DER VON DEN ORGANISATIONEN IN KLIMASCHUTZPROJEKTE INVESTIERT WIRD.

* Informiere dich online über Atmosfair oder Myclimate

GRÜNDE FAHRGEMEINSCHAFTEN MIT KOLLEGEN, ODER NUTZE CARSHARING-DIENSTE, SO KOMMEN MEHRERE PERSONEN ZUSAMMEN ANS GLEICHE ZIEL.

TU HEUTE
ETWAS,
AUF DAS
DU MORGEN
STOLZ
SEIN KANNST.

ARBEITEN UND LERNEN

Am Arbeitsplatz, im Vorlesungssaal oder im Klassenzimmer verbringen wir viel Zeit. Immer mehr Menschen wollen ihren nachhaltigen Lebensstil nicht nur auf ihre eigenen vier Wände beschränken, sondern sich auch am Lern- und Arbeitsplatz für umweltbewusste Veränderungen einsetzen. Es ist dort umso wichtiger, nachhaltig zu sein, denn du hast die Möglichkeit, mit gutem Beispiel voranzugehen.

AM ARBEITSPLATZ

TELEFONIEREN UND DABEI GUTES TUN. MIT EINEM GRÜNEN MOBILFUNKANBIETER* HAST DU DIE MÖGLICHKEIT 10 PROZENT DEINES TARIFES AN SOZIALE ODER NACHHALTIGE PROJEKTE ZU SPENDEN.

Mit goood mobile fair telefonieren.

DIE LABELS »ENERGY STAR«, »TCO-ZEICHEN« UND DAS »EUROPÄISCHE UMWELTZEICHEN« KENNZEICHNEN KLIMASCHONENDE KOMMUNIKATIONSGERÄTE.

VERMEIDE DEN STAND-BY-MODUS: SCHLIESSE DEINE GERÄTE AN EINE STECKERLEISTE MIT SCHALTER AN. SO SPART EIN 3-KÖPFIGER HAUSHALT CA. 100 EURO STROMKOSTEN IM JAHR.

esc

RICHTIG TRINKEN

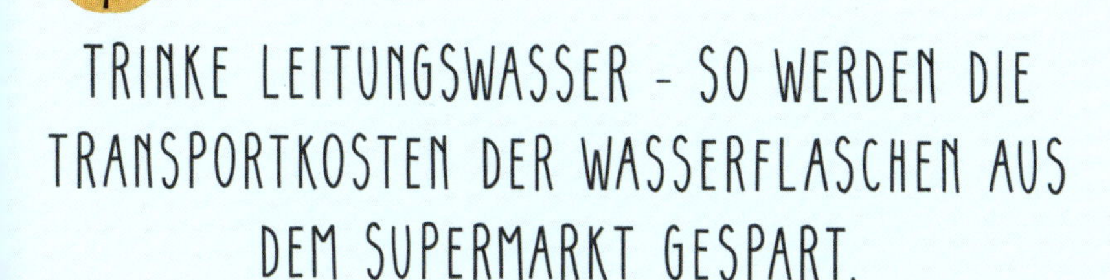

TRINKE LEITUNGSWASSER - SO WERDEN DIE TRANSPORTKOSTEN DER WASSERFLASCHEN AUS DEM SUPERMARKT GESPART.

HABE IMMER EINE TRAGBARE GLAS- ODER EDEL-TAHLFLASCHE* BEI DIR – SO KANNST DU JEDERZEIT WASSER AN WASSERSPENDERN AUFFÜLLEN.

* Tolle Glasflaschen mit Druckverschluss von Soulbottles

INFORMIERE DICH BEI ORGANISATIONEN* ÜBER DIE WELTWEITE WASSERKNAPPHEIT, UND TEILE DEIN WISSEN MIT KOLLEGEN UND KOMMILITONEN.

* Der Verein Viva Con Agua setzt sich für weltweit sauberes Trinkwasser ein

WASSER FÜR ... ALLE?

Wasser ist für alle Lebewesen auf der Erde lebensnotwendig. Das für den Bedarf von Menschen, Tieren und Pflanzen notwendige Süßwasser ist reichlich vorhanden, aber es ist sehr ungleich verteilt. Manche Gebiete sind äußerst regenreich, andere äußerst trocken. Gerade in heißen, armen Regionen ist der Zugang zu sauberem Trinkwasser sehr wichtig.

UNSERE ERDE WIRD NICHT UMSONST DER BLAUE PLANET GENANNT: ETWA 70 PROZENT DER ERDOBERFLÄCHE SIND MIT WASSER BEDECKT.

Von der gesamten Wassermenge des Planeten sind ca. 97,5 Prozent in Form von salzigem Meerwasser vorhanden, das für die meisten Lebewesen nicht genießbar ist.

Die verbleibenden 2,5 Prozent Süßwasser sind allerdings auch nicht unmittelbar nutzbar, weil mehr als zwei Drittel davon in Gletschern und in Permafrostböden gebunden sind.

Als genießbares Trinkwasser ist also nur ein Drittel des

gesamten Süßwassers der Erde verfügbar, vorwiegend als Grundwasser. Dieser kleine Anteil an Wasser muss – ungeachtet der ungleichen Verteilung – für die ganze Menschheit ausreichen.

Wir trinken Wasser, waschen damit Wäsche, spülen Geschirr, duschen und baden – in der westlichen Welt ist es selbstverständlich, uneingeschränkt sauberes Wasser verwenden zu können. Der Verbrauch von Trink- und Sanitärwasser ist jedoch im Vergleich zum Wasserverbrauch der Landwirtschaft und der Lebensmittelindustrie gering. Die Landwirtschaft verbraucht den größten Anteil des weltweiten Wasserbedarfs, da die gesamte Bevölkerung der Erde ernährt werden muss.

WÄHREND MENSCHEN IN HEISSEN UND VORWIEGEND ARMEN REGIONEN UNTER DEM WASSERMANGEL LEIDEN, WIRD WASSER IN REICHEN LÄNDERN OFT GEDANKENLOS VERSCHWENDET.

In einigen Staaten werden bereits jene Grundwasserreserven angezapft, die eigentlich für die Zukunft gebraucht werden. Die Übernutzung der Ressourcen gleicht einem

Raubbau an Wasser.
Neben Landwirtschaft und Trinkwasserversorgung spielt auch der Massentourismus bei der Verschwendung von Wasser eine Rolle. So ist z. B. der Mittelmeerraum zu trocken, um vor allem in der Hauptsaison die Besuchermassen mit Wasser zu versorgen und zu allem Überfluss Pools und Golfanlagen zu unterhalten.

NEUE STRATEGIEN ZUR WASSERVERSORGUNG MÜSSEN HER! NUR SO WERDEN WIR IN DER ZUKUNFT GENUG WASSER ZUR VERFÜGUNG HABEN.

Eine optimierte Regenwasserspeicherung könnte den in Dürrezeiten auftretenden Wassermangel ausgleichen.

Oder man könnte Wasser aus regenreichen Regionen über Pipelines in trockene Gebiete transportieren und dort speichern.

Am wirkungsvollsten wäre auf jeden Fall ein weitverbreitetes Bewusstsein um die Endlichkeit aller Ressourcen auf der Erde und damit ein sorgfältiger, verantwortungsvoller Umgang damit. Denk immer daran, dass es nicht selbstver-

ständlich ist, ständig sauberes Trinkwasser im Überfluss zu haben, und verschwende es niemals.
Es gibt viele kleine Dinge, die man beachten kann, um Wasser zu sparen: beim Klospülen die Spartaste betätigen, den Öko-Waschgang beim Geschirrspüler einstellen, beim Händewaschen und Einseifen zwischendurch den Wasserhahn schließen und Obst und Gemüse in einer Schüssel waschen, anstatt sie unter fließendem Wasser zu reinigen.

Du kannst zudem Organisationen wie Viva Con Agua, die sich weltweit für sauberes Trinkwasser einsetzen, unterstützen.

NACK
BIO

KLEINE PAUSE

NUTZE WÄHREND DEINER PAUSE ALTERNATIVEN FÜR DEN PLASTIKHALTIGEN TO-GO-BECHER,* ODER TRINK DEIN GETRÄNK AUS EINER SCHÖNEN PORZELLANTASSE WIE IN ALTEN ZEITEN.

* Isolierter Becher aus lebensmittelechtem Edelstahl von kivanta

NUTZE EINEN STROHHALM AUS GLAS ODER EDELSTAHL* STATT EINEM AUS PLASTIK. BESONDERS KREATIV SCHLÜRFST DU DEIN GETRÄNK MIT EINER UNGEKOCHTEN SPAGHETTINUDEL.

* Strohhalm aus Glas von HALM und aus Edelstahl von KleanKanteen

BEZAHLE DEINEN SNACK MIT NACHHALTIG ANGELEGTEM GELD.

* Nachhaltiges mobiles Banking bei tomorrow.
Nachhaltige Banken: triodos, GLS Bank, UmweltBank

IM KOPIERRAUM

VERWENDE RECYCLINGPAPIER. DAS PAPIER IST BESONDERS RESSOURCEN-SCHONEND, DA ES ZU HUNDERT PROZENT AUS ALTPAPIER BESTEHT.

DRUCKE DOPPELSEITIG, ODER SENDE EINE E-MAIL, UM PAPIERVERSCHWENDUNG ZU VERMEIDEN.

ACHTE AUF DIE FSC-ZERTIFIZIERUNG DES PAPIERS. DIE ORGANISATION FSC STEHT FÜR NACHHALTIGE FORSTWIRTSCHAFT.

SAVE THE TREES

DIE VERHEERENDE WALDVERNICHTUNG

Im Jahr 2018 wurden laut »Global Forest Watch« rund 12 Millionen Hektar tropischer Regenwald abgeholzt. Das entspricht einer Fläche, die fast so groß ist wie England. Jede Minute wird Regenwald im Umfang von 30 Fußballfeldern vernichtet.

HAUPTVERURSACHER DER WALDVERNICHTUNG SIND DIE PALMÖLINDUSTRIE, DIE LANDWIRTSCHAFT UND VIEHZUCHT, DIE HOLZINDUSTRIE, DER BERGBAU, WASSERKRAFTWERKE, DER STRASSENBAU IN DEN REGENWALDGEBIETEN SOWIE WALDBRÄNDE.

Für unseren Konsum von Soja, Palmöl, Biokraftstoffen, Holz, Zellulose sowie für den Abbau von Bodenschätzen wie Eisen, Aluminium, Gold und Coltan werden uralte Wälder und damit der Lebensraum unzähliger Tiere und Pflanzen vernichtet.

Obwohl es weltweit immer weniger Wälder gibt, nimmt die jährlich abgeholzte Fläche zu. Als Konsument kannst du dieser fatalen Entwicklung durch dein alltägliches Verhalten entgegenwirken: Vermeide es, Möbel und Gegenstände aus Tropenhölzern zu kaufen, verwende Papier aus nachhaltiger Forstwirtschaft oder Recyclingpapier, vermeide den Gebrauch von Palmöl, kaufe Bio-Mais und Bio-Soja aus Europa und schränke deinen Fleischkonsum deutlich ein.

WENIGER PALMÖL – MEHR REGENWALD!

Palmöl landet bei uns schon morgens in der Schokocreme auf dem Brot oder als Creme auf unserer Haut. Palmöl ist eines der am meisten genutzten Öle der Welt und an sich kein schädliches Produkt, aber die ungeheuere Nachfrage nach dem Öl führt dazu, dass immer mehr Regenwald gerodet wird, um Platz für Palmölplantagen zu schaffen. Durch die Rodungen der Wälder sind viele Tierarten wie der Orang-Utan oder der Sumatra-Tiger stark gefährdet und vom Aussterben bedroht. Viele tropische Pflanzen werden tagtäglich vernichtet, und die riesigen Bulldozer belasten die Luft mit enormen CO_2-Emissionen.

Menschen in Malaysia und Indonesien werden aus ihren Dörfern vertrieben, um ihr eigenes Land für mehr Plantagen herzugeben, um dann auf ihnen arbeiten zu müssen – und all das für ein Brot mit Schokocreme?

Nicht immer wird Palmöl auf Produktverpackungen explizit als Inhaltsstoff genannt. Unter anderem wird Palmöl auch als Pflanzenfett, Stearinsäure, Palmitate, Natriumlaurylsulfat und einigen anderen Bezeichnungen deklariert. So ist es nicht einfach zu erkennen, ob ein Produkt Palmöl enthält.

Helfen kann hierbei die App »Codecheck«, die das Produkt scannt und vorhandene Inhaltsstoffe aufzeigt. Achte auch darauf, dass Palmöl in Bio-Lebensmitteln oder Naturkosmetik enthalten sein kann.

ES IST WICHTIG, DEN PALMÖL-KONSUM STARK EINZUGRENZEN.

Koche mit frischen Lebensmitteln und Produkten, anstatt Fertiggerichte und zu viel ungesunden Süßkram zu konsumieren. Leckere Schokoaufstriche gibt es auch ohne Palmöl im Bio-Supermarkt oder Reformhaus.

EINKAUFEN

Von Ahornsirup bis Zucchini – im Supermarkt finden wir alles. In keinem anderen Laden kaufen wir öfter ein und geben mehr Geld aus. »Du bist, was du isst« – Lebensmittel einkaufen, kochen und essen prägen unseren Tagesablauf stark.
Auf den folgenden Seiten dreht sich alles um regionale und saisonale Lebensmittel, Bio-Gemüse, Lebensmittelverschwendung und plastikfreies Einkaufen.

BIO

NORMALER BROKKOLI
~~0,99 EURO~~ 0,79 EURO

BIO BROKKOLI
2,49 EURO

IST DOCH BIOLOGISCH!

GREIFE IM SUPERMARKT* ZU LEBENSMITTELN AUS ÖKOLOGISCHEM ANBAU. SO ISST DU GESUND, DA BEI DER HERSTELLUNG VON BIO-LEBENSMITTELN AUF SCHÄDLICHE DÜNGER UND PESTIZIDE VERZICHTET WIRD.

* Tolle Bio-Supermärkte sind: Alnatura, denn's, Bio Basic, Naturgut, Erdi, Naturata, Voll Corner und Bio Company. Supermarkt ohne tierische Produkte: veganz

BIOLOGISCHE OBST- UND GEMÜSESORTEN SIND OFT NICHT GLÄNZEND UND PERFEKT WIE IN DER WERBUNG – DENN SIE SIND NATÜRLICH! DU KANNST DIR KNUBBELIGES, KRUMMES UND FASZINIERENDES GRÜNZEUG* NACH HAUSE LIEFERN LASSEN.

* Krumme Dinger gibt's jeden Monat als Abo-Box in Bio-Qualität bei etepetete oder Rübenretter

WAS BEDEUTET EIGENTLICH BIO?

Im Supermarkt trifft man auf eine Flut von Bio-Siegeln, und immer mehr biologische Lebensmittel landen in den Einkaufskörben. Das Bio-Siegel gibt einem das gute Gefühl, ein hochwertiges, gesundes Produkt zu kaufen. Doch wofür stehen die verschiedenen Siegel eigentlich?

Auf den ersten Blick erscheint die Menge an verschiedenen Bio-Klassifizierungen riesig – mittlerweile gibt Dutzende verschiedene Bio-Siegel.

DEMETER, BIOLAND UND NATURLAND SIND DIE GRÖSSTEN BIO-ANBAUVERBÄNDE IN DEUTSCHLAND. UM EINES IHRER ZEICHEN ZU TRAGEN, MÜSSEN STRENGE ANFORDERUNGEN ERFÜLLT WERDEN.

Obst und Gemüse, welches mit einem Bio-Siegel gekennzeichnet ist, stammt ausschließlich aus ökologischer Landwirtschaft.

Bei allen Bio-Lebensmitteln sind Geschmacksverstärker, künstliche Aromen und Farbstoffe verboten. Ebenfalls ver-

boten sind gentechnisch veränderte Organismen und synthetische Stickstoffdüngemittel und Pestizide.

In der ökologischen Tierhaltung dürfen wesentlich weniger Tiere pro Hektar gehalten werden als in der konventionellen Tierhaltung – hierbei geht es jedoch leider nicht um das Wohlergehen der Tiere, sondern lediglich um die Bodenerhaltung. Gentechnisch verändertes Tierfutter und konventionelles Mischfutter sind verboten. Den Tieren soll ein arteigenes Verhalten weitestgehend ermöglicht werden. Die Ställe und Weiden sollen ausreichend Bewegungs- und Ruheraum bieten – außerdem frische Luft, frisches Wasser, natürliches Licht, Schatten und Windschutz.

Ob diese und viele weitere Richtlinien eingehalten werden, wird in Deutschland mindestens einmal pro Jahr von einer Bio-Kontrollstelle geprüft. Die jeweiligen Betriebe führen laufend Eigenkontrollen durch.

Konventionelle Obst- und Gemüsesorten sind oft mit erbschädigenden Herbiziden, nervenschädigenden Insektiziden und Pestiziden belastet, werden in Monokulturen angebaut und teilweise aus fernen Ländern eingeflogen. Im Ausland werden meist noch schlimmere Spritzmittel verwendet, die in Deutschland verboten sind.

Die herkömmlichen Lebensmittel, die uns die Werbung wärmstens empfiehlt, führen unter Umständen zu Erkrankungen. Solche Erkrankungen werden wiederum mit teuren Medikamenten behandelt – ein perfider Kreislauf, der schwer zu durchschauen ist.

BIOLOGISCHE LEBENSMITTEL SOLLTEN DER STANDARD SEIN.

Biologisch angebautes Obst und Gemüse, das regionale Händler anbieten, kann sorglos verzehrt werden. Gesundes, biologisches Grünzeug sollte überall angeboten werden – welch schöne Vorstellung!

demeter

Bioland

Naturland

REGIONAL UND SAISONAL

BEVORZUGE EINE HEIMISCHE UND SAISONALE BIRNE* STATT EINER PAPAYA. EXOTISCHE FRÜCHTE WERDEN ALS FLUGWARE IMPORTIERT. DURCH DEN TRANSPORT ENTSTEHEN UMWELTVERSCHMUTZENDE CO_2-EMISSIONEN.

* Saisonkalender bei erdretter.de

KAUFE OBST UND GEMÜSE VON REGIONALEN BAUERN AUF DEM MARKT, SO UNTERSTÜTZT DU DIE LANDWIRTSCHAFT IN DEINER NÄHE.

UNTERSTÜTZE FOODSHARING-INITIATIVEN.* SIE SETZEN SICH GEGEN DIE VERSCHWENDUNG VON LEBENSMITTELN EIN. IN RESTAURANTS, SUPERMÄRKTEN UND BETRIEBEN DEINER STADT WIRD ESSEN NACH BETRIEBSSCHLUSS ABGEHOLT, GESPENDET UND VERTEILT.

* Mehr Infos unter foodsharing.de

KENNST DU DIE SOLIDARISCHE LANDWIRTSCHAFT?* WÖCHENTLICH ERHÄLTST DU SAISONALES GEMÜSE VON EINEM BIO-HOF IN DEINER NÄHE ZU EINEM DAVOR VEREINBARTEN PREIS.

* Informiere dich unter solidarische-landwirtschaft.org

DIE
ZUKUNFT
HÄNGT DAVON
AB, WAS WIR
HEUTE
TUN.

ZU GUT FÜR DIE TONNE

In Deutschland landen pro Jahr und pro Person durchschnittlich 83 Kilogramm Essen in der Mülltonne. Weltweit sind es sogar 1,3 Milliarden Tonnen an Essen, die weggeschmissen werden.

Während wir unser Essen wegschmeißen, weil es ein bisschen verschrumpelt, oder das Mindesthaltbarkeitsdatum um einige Tage überschritten ist, hungern weltweit etwa 800 Millionen Menschen, darunter viele Kinder.

Ein Drittel, von den weltweit produzierten Nahrungsmitteln verdirbt in Lagern, Lebensmittelläden oder bei uns daheim im Kühlschrank, wird bei Transportwegen beschädigt oder geht verloren.

ESSEN IST KOSTBAR UND DARF NICHT WEGGESCHMISSEN WERDEN!

Nahrungsmittel kannst du schon im Supermark retten: die kleine, krumme Gurke, der Apfel mit den braunen Stellen oder das eingedellte Tetrapack. Wenn nur die glänzenden Lebensmittel – ohne Makel – gekauft werden, werden die natürlichen, reifen, leicht „beschädigten" Lebensmittel aussortiert und weggeworfen. Kaufe lieber kleinere Mengen, um später keine halb angebrochenen Riesenpackungen wegschmeißen zu müssen.

Im Kühlschrank kannst du dafür sorgen, dass ältere Lebensmittel nach vorne gestellt werden, damit du nicht nur die neuen Lebensmittel verbrauchst. Gemüse hält im Gemüsefach deines Kühlschranks länger und bleibt frisch.

Wenn Essen übrig bleibt, bevor du mal verreist, musst du nichts wegschmeißen. Übergebe deine Nahrungsmittel an Foodsharing-Dienste, Nachbarn, Freunde und Familie.

Sensibilisiere deine Mitmenschen in deiner Umgebung oder mache doch mal deinen Supermarkt auf die Verschwendung von Lebensmitteln aufmerksam. Einige Supermärkte bieten sehr reifes Obst zu kostengünstigen Preisen an. Aus reifem Obst kann man zum Beispiel super Marmelade oder Shakes machen, anstatt es wegzuschmeißen.
Das Mindesthaltbarkeitsdatum (MHD) gibt auf Lebensmittelverpackungen an, bis wann ein Lebensmittel mindestens

haltbar ist. Die Betonung liegt hier auf mindestens, denn einige Nahrungsmittel, zum Beispiel Trockenobst, eingelegtes Gemüse etc. ist noch weit über das Mindesthaltbarkeitsdatum hinaus haltbar.

Das Mindesthaltbarkeitsdatum ist kein »empfohlenes Wegwerfdatum«. Verlasse dich auf deine Augen, die Nase und den Mund. Wenn dein Essen gut aussieht, gut riecht und gut schmeckt, ist es nicht notwendig, es nach Ablauf des MHD wegzuwerfen.

DIE VERSCHWENDUNG VON NAHRUNG IST NICHT NUR UNFAIR GEGENÜBER HUNGERNDEN MENSCHEN, SIE BELASTET AUCH DIE UMWELT.

43.000 Quadratkilometer Ackerfläche werden genutzt und 216 Millionen Kubikmeter Wasser verbraucht. Für jedes Lebensmittel wird Energie für die Herstellung und die Transportwege verbraucht und eingesetzte Pflanzenschutzmittel und Dünger belasten die Umwelt – jährlich entstehen so 38 Millionen Treibhausgase.

Tu etwas gegen die Lebensmittelverschwendung und orientiere dich an tollen Projekten, die mit gutem Beispiel vorangehen!

Die Organisation »foodsharing« bietet viele Infos und Tipps und hat in jeder (größeren) Stadt Verteiler, in denen du Essen abliefern und auch mit nach Hause nehmen kannst. »Etepetete«, »Rübenretter« und »Sirplus« bieten Kisten mit geretteten Lebensmitteln und krummem Obst und Gemüse in Bio-Qualität, welche du dir als Rettekiste nach Hause liefern lassen kannst.

In Deutschland gibt es jetzt auch das erste Foodsharing-Café. Im Café Raupe Immersatt in Stuttgart wird gerettetes Essen umsonst angeboten.

ALLTÄGLICHE DINGE IM EINKAUFSKORB

KAUFE RECYCLING-TOILETTENPAPIER, -TASCHENTÜCHER UND -KÜCHENROLLEN. DADURCH WERDEN KEINE WEITEREN BÄUME GEFÄLLT.

WUSSTEST DU, DASS ES OHRENSTÄBCHEN* GIBT, DIE DU 5 JAHRE BENUTZEN KANNST?

* Ohrenstäbchen »Oriculi« von lamazuna

KEINE SCHADSTOFE IN DEINEN INTIMSTEN KÖRPERREGIONEN: DAMEN-HYGIENEARTIKEL WIE BINDEN, TAMPONS UND SLIPEINLAGEN* GIBT ES AUS BIO-BAUMWOLLE.

* Bio-Tampons gibt es von einhorn, ECO by Naty und im Abo von The Female Company

JUTE STATT PLASTIK!

HABE IMMER EINEN JUTE-BEUTEL DABEI.

EIN OBST- UND GEMÜSENETZ* AUS BIO-BAUMWOLLGARN ERSETZT DIE PLASTIK-VERPACKUNG FÜR DAS LECKERE GRÜNZEUG.

* Netz aus Bio-Bauwollgarn von Re-Sack

BESUCHE EINEN UNVERPACKT-LADEN,* IN DEM KOMPLETT AUF PLASTIK VERZICHTET WIRD. HIER KANNST DU DEINE EIGENEN BOXEN UND BEUTEL MITBRINGEN, UM DIE LEBENSMITTEL ZU TRANSPORTIEREN.

* Unverpackt-Läden ab Seite 110

LIFE IN PLASTIC – IT'S FANTASTIC?

Plastik ist allgegenwärtig. Viele Produkte werden in aufwendigen Plastikverpackungen angeboten, wir tragen unsere Einkäufe in Plastiktaschen nach Hause und trinken aus Plastikflaschen.

Doch so fantastisch, wie die Band Aqua 1997 im Lied »Barbie Girl« gesungen hat, ist Plastik gar nicht. Wirklich gar nicht. Plastikflaschen, Kunststoffbehälter und beschichtete Konserven sind weltweit verbreitet und werden von der Industrie als praktische und unbedenkliche Verpackungen angepriesen.

PLASTIK SCHADET DER UMWELT UND GEFÄHRDET UNSERE GESUNDHEIT.

Unabhängige wissenschaftliche Untersuchungen (CHEM-Trust-Studie, GLOBAL2000-Studie, BUND-Stichprobe, etc.) haben hingegen auf eine Gesundheitsgefährdung des im Plastik enthaltenen Weichmachers Bisphenol A (BPA) hingewiesen. Bisphenol A ist ein östrogenartig wirkender Schadstoff, der bereits in geringen Mengen unseren

Hormonhaushalt beeinflussen kann. Als mögliche Folgen werden Unfruchtbarkeit, eine reduzierte Spermienzahl oder Verhaltensstörungen angenommen. Darüber hinaus wird vermutet, dass Bisphenol A im Zusammenhang mit Herz-Kreislauf-Problemen, Brustkrebs, Diabetes sowie Fettleibigkeit steht.

BPA befindet sich in Produkten wie Konservendosen, Kassenbons und Plastikgeschirr. Der Weichmacher wird von Verpackungen an Lebensmittel abgegeben, löst sich beim Erwärmen und Erhitzen aus Kunststoffen und gelangt so in die Nahrung.

Frankreich beschloss 2015 als erstes Land weltweit, den Stoff Bisphenol A in allen Lebensmittelverpackungen zu verbieten.

Diesem Paradebeispiel folgt Deutschland leider nicht. Anfang 2019 hat sich der Umweltausschuss erneut gegen ein Verbot von BPA entschieden. Lediglich weniger BPA soll in die Lebensmittel übergehen: 0,05 Milligramm pro Kilogramm statt bisher 0,6 – nur in Trinkflaschen für Säuglinge und Kleinkinder ist BPA verboten.

Dass Kunststoff unsere Gesundheit gefährdet, ist schlimm, doch nicht weniger schrecklich ist die verheerende Verschmutzung der Umwelt durch Plastiktüten, Einwegbecher, Flaschen und andere plastikbasierte Produkte. Innerhalb einiger Jahrzehnte hat das anfänglich viel gelobte futuristische Material unseren Planeten unwiderruflich verändert. In den 1950er-Jahren wurden pro Jahr circa 1,5 Millionen Tonnen Plastik produziert, heute sind es fast 300 Millionen Tonnen.

Laut des Umweltprogramms der Vereinten Nationen (UNEP) ist inzwischen jeder Quadratkilometer der Meeresoberfläche durch Hunderttausende Plastikteile verschmutzt und belastet. Wir sehen nur die »oberflächliche« Verschmutzung, welche schon besorgniserregend genug ist – mehr als 70 Prozent der auf dem Meer treibenden Abfälle sinken auf den Meeresboden.

Ist das Plastik einmal im Meer, bleibt es auch dort, denn Plastik braucht mehrere Hundert Jahre, um sich abzubauen.

Nur langsam wird es durch Salzwasser und Sonne zersetzt und gibt nach und nach kleinere Bruchteile an die Umgebung ab. Plastikflaschen dümpeln circa 450 Jahre im Meer, bevor sie sich zersetzen.

Leidtragend an der von uns verursachten Plastikverschmutzung sind vor allem die Meeresbewohner. Sie verhungern mit vollen Mägen, da diese mit Plastikteilen, die sie für Nahrung halten, gefüllt sind. Große Meerestiere wie Wale, Delfine und Schildkröten verfangen sich in Netzen, Plastikringen- und schnüren, ertrinken oder erleiden schwere Verletzungen.

UNSERE NACHLÄSSIGE WEGWERFGESELLSCHAFT IST DER GRUND FÜR DEN TOD VON JÄHRLICH HUNDERTTAUSENDEN MEERESSÄUGERN UND EINER MILLION MEERESVÖGEL.

Die Massen der unterschiedlichen Plastikteilchen bilden riesige Müllstrudel. Der wohl bekannteste »Müllteppich« ist der »Great Pacific Garbage Patch« im Nordpazifik, welcher inzwischen die Größe Mitteleuropas erreicht hat.

Der meiste Müll stammt vom Land, wo er gedankenlos weggeworfen wird und über Flüsse und den Wind ins Meer gelangt. Doch auch die Schifffahrt und die Fischerei tragen einen erheblichen Anteil der Verschmutzung der Meere bei.

MEERESSCHUTZ FÄNGT BEI UNS AN – JEDER KANN MITHELFEN DIE MEERE SAUBER ZU HALTEN.

Sag nein zu Plastik, achte die Umwelt, verbreite deine Meinung, und hinterlasse während deines Strandurlaubs deinen Camping- oder Strandplatz stets so, als wärst du niemals dort gewesen. Setze dich für saubere, müllfreie Gewässer ein – so kannst du verhindern, dass sich 2050 nicht mehr Plastikteile statt Fische im Meer befinden.

UNVERPACKT-LÄDEN: PLASTIKFREI EINKAUFEN

Unverpackt-Läden sind die nachhaltige Alternative auf das Überangebot an verpackten Lebensmitteln in Supermärkten. Der verpackungslose Einkauf lohnt sich sehr, da dadurch eine riesige Menge an Verpackungsmüll vermieden werden kann. Hier kannst du deine eigenen Behälter mitbringen, lokal statt global kaufen und findest qualitativ hochwertige Produkte statt billiger Massenware.

RUTANATUR

Prinzregentenstraße 7, Augsburg • www.rutanatur.de
Unverpackt-Laden mit Bio-Produkten. Besonders wird auf Müllvermeidung, Tierwohl, regionale Herkunft, soziale Aspekte sowie Umweltbildung geachtet.

ORIGINAL UNVERPACKT 

Wiener Straße 16, Berlin • www.original-unverpackt.de
Seit 2014 einer der bekanntesten Unverpackt-Läden in Berlin. Gründerin und Zero-Waste-Guru Milena Glimbovski inspiriert mit ihrem verpackungsfreien Lifestyle. Bald folgt ein zweiter Laden und es gibt auch einen Onlineshop.

LOSE DRESDEN

Böhmische Straße 14, Dresden • www.losedresden.com
100 Prozent nachhaltig – hier findest du alles von (veganen) Süßigkeiten über verpackungsfreie Haushaltsreiniger bis zu Getreide, Nüssen und frischen Sachen in der Frischetheke.

GRAMM.GENAU 

Berger Straße 26, Frankfurt am Main • www.grammgenau.de
Frankfurts erster Unverpackt-Laden in dem auch die Mittagspause verbracht werden kann. Im Zero-Waste-Café gibt es leckeren Kuchen.

OHNE GEDÖNS 

Tannenhof 45, Hamburg • www.ohnegedoenshamburg.de
Hier gibt es leckere Lebensmittel aus überwiegend ökologischem Anbau, Drogerie- und Haushaltswaren und Produkte von Hamburger Designern sowie Textilien.

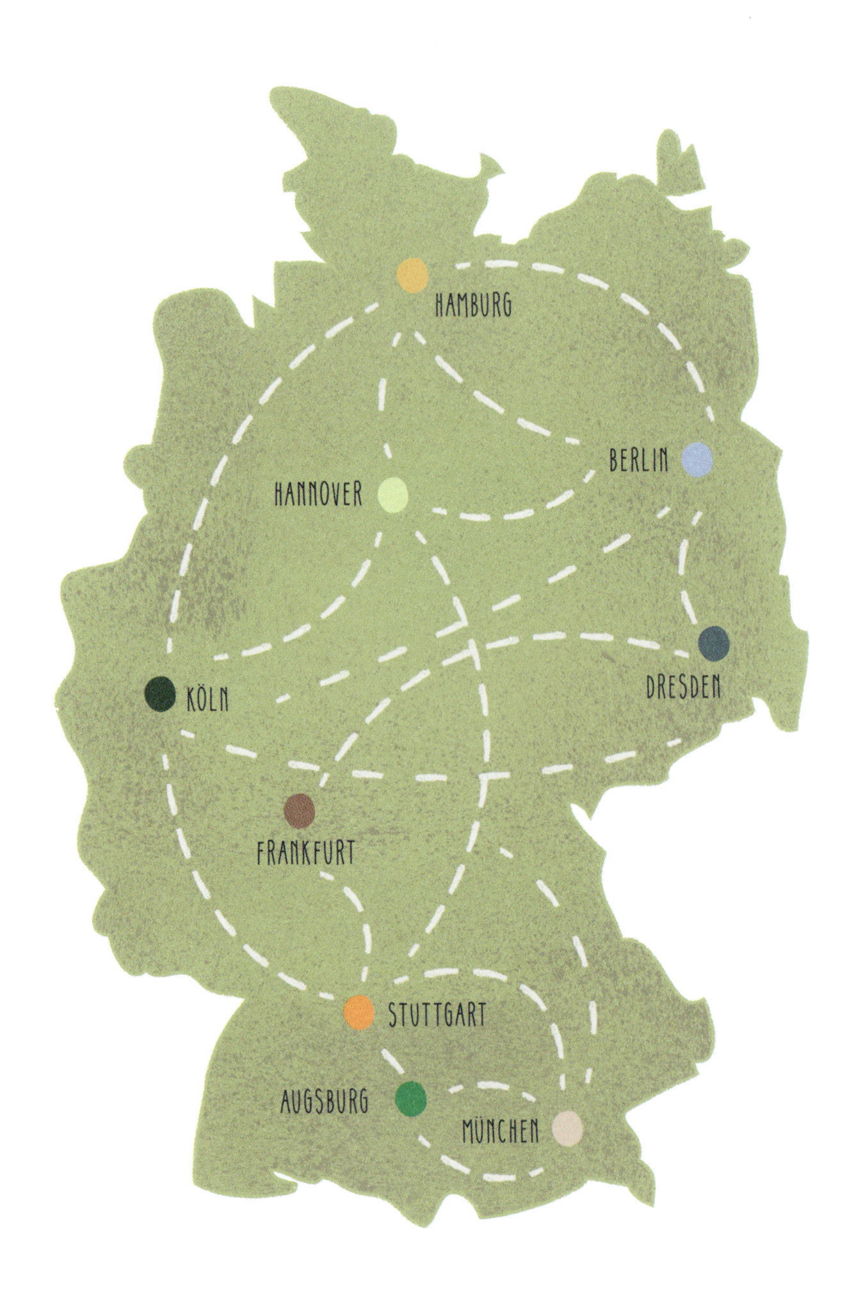
HAMBURG
BERLIN
HANNOVER
DRESDEN
KÖLN
FRANKFURT
STUTTGART
AUGSBURG
MÜNCHEN

LOLA DER LOSELADEN 

Stephansplatz 13, Hannover • www.lola-hannover.de
Über 400 Produkte ohne Verpackungsmüll. In diesem Laden gibt es sogar eine eigene Nussmusmaschine.

TANTE OLGA 

Berrenrather Straße 406 und Viersener Straße 6, Köln
www.tante-olga.de
Zwei Unverpackt-Läden in Köln, in denen du viele Bio-Leckereien und vegane Produkte findest.

OHNE 

Schellingstraße 42 und Rosenheimer Straße 85, München
www.ohne-laden.de
Alle Waren sind bio, unverpackt und so regional wie möglich. Besonders ist die vegane Nussmilch im Pfandglas.

SCHÜTTGUT STUTTGART

Vogelsangstraße 51, Stuttgart • www.schuettgut-stuttgart.de
Neben Müllvermeidung bei den angebotenen Produkten wird auch auf Umweltschutz, Entschleunigung, Konsum und gesunde Ernährung geachtet.

HAUSHALT

Auch wenn das bestimmt nicht deine Lieblingsbeschäftigung ist: Aufräumen gehört halt irgendwie dazu. Nach getaner Arbeit findet sich manchmal ein wenig Zeit dafür. Dann wird gewaschen, geputzt und gebügelt. Wie du Putzmittel selbst herstellen kannst und welche nachhaltigen Alternativen es gibt, erfährst du auf den nächsten blitzblanken Seiten.

MIT EINEM WISCH IST ALLES WEG

BENUTZE ÖKOLOGISCHE REINIGUNGSMITTEL,* UND VERZICHTE AUF CHEMIKALISCHE REINIGER, DIE MIT GEFAHRENSYMBOLEN GEKENNZEICHNET SIND.

* Ökologisch kraftvoll putzen mit Produkten von sonett und FROSCH

ACHTE AUF DAS LABEL »EUROBLUME«. PUTZMITTEL MIT DIESEM LABEL SIND SCHADSTOFFARM.

WER NICHT
WILL, FINDET
GRÜNDE.
WER WILL,
FINDET
WEGE.

BENUTZE NATÜRLICHE HAUSMITTEL WIE ESSIG UND NATRON, UM OBERFLÄCHEN ZU REINIGEN.

SCHMUTZIGES GESCHIRR SOLLTE BESSER IM GESCHIRRSPÜLER GEWASCHEN, ALS MIT DER HAND ABGESPÜLT ZU WERDEN. PRO WASCHGANG KÖNNEN SO CIRCA 40 LITER WASSER GESPART WERDEN.

VERWENDE ÖKOLOGISCHE TÜCHER ODER SCHWÄMME,* DIE DU WASCHEN UND WIEDERVERWENDEN KANNST.

* Schwammtücher von memo

NATÜRLICH SAUBER

In den seltensten Fällen brauchen wir spezielle Mittel zum Entfernen von Verunreinigungen – oft sind wir nur zu bequem, um ordentlich zu schrubben.

In Deutschland kaufen wir ordnungsliebende Menschen pro Jahr über 200 Tonnen Universalreiniger, um unsere vier Wände sauber zu halten.

EINFACHE, NATÜRLICHE PUTZMITTEL REICHEN VÖLLIG AUS, UM SAUBER ZU MACHEN.

Rote, rissige Hände, schrumpelige Haut und Asthma – es ist keine Neuigkeit, dass viele Putzmittel unserem Organismus nicht guttun. Aus gesundheitlichen Gründen sowie aus Kostengründen lohnt es sich, Putzmittel wie Allzweckreiniger, Waschpulver, Glasreiniger etc. selbst herzustellen oder zumindest ökologische Reiniger zu kaufen und zu verwenden.

ALLZWECKREINIGER MIT ZITRONENSCHALEN UND ESSIG

- EIN LEERES GLAS Z.B. LEERES MAISGLAS MIT SCHRAUBDECKEL
- BIO-APFELESSIG
- EINE HANDVOLL BIO-ZITRONENSCHALEN
- WASSER

EIN WENIG ESSIG IN DAS GLAS GEBEN – DER BODEN SOLLTE BEDECKT SEIN. ANSCHLIESSEND ZITRONENSCHALEN HINEINGEBEN UND DAS GLAS MIT WASSER AUFFÜLLEN. MIT DEM DECKEL VERSCHLIESSEN UND EIN PAAR TAGE ZIEHEN LASSEN.
DAS SELBST GEMACHTE PUTZMITTEL MACHT BAD UND KÜCHE SUPERSAUBER UND DUFTET ZITRONIG-FRISCH. AM BESTEN IN EINE GLASFLASCHE MIT SPRÜHAUFSATZ FÜLLEN UND LOSPUTZEN!

ECO

WÄSCHE SCHONEND WASCHEN

VERWENDE ÖKOLOGISCHE WASCHMITTEL,* SO GELANGEN KEINE SCHÄDLICHEN CHEMIKALIEN IN DEN WASSERKREISLAUF UND INS TRINKWASSER.

* Waschmittel von ecover und Frosch

TROCKNE DEINE WÄSCHE LIEBER AUF EINEM WÄSCHESTÄNDER, DENN EIN WÄSCHE-TROCKNER VERBRAUCHT VIEL ENERGIE.

WASCHE DEINE WÄSCHE IN EINEM WASCHBEUTEL.* SO GELANGEN KEINE PLASTIKFASERN – Z.B. PLASTIKFASERN VON SPORTKLEIDUNG – INS ABWASSER.

* Waschbeutel von GUPPYFRIEND

DAS ENDE VOM TAG

Du hast heute dazu beigetragen, die Welt ein bisschen besser zu machen – yeah! Abends werden die Füße hochgelegt, und es gibt etwas Leckeres und Gesundes zu essen. Die letzten Seiten dieses Buches handeln von Ernährungsweisen, Abendessen zubereiten und Entspannung. Hoffentlich hattest du einen grandiosen Tag!

SALE
PEPE

ABENDESSEN

KOCHE MIT FRISCHEN UND NICHT MIT TIEFGEKÜHLTEN LEBENSMITTELN, SO MUSS WENIGER ENERGIE FÜR DIE KÜHLUNG DER LEBENSMITTEL AUFGEWENDET WERDEN.

VERZICHTE AUF FLEISCH,* ODER SCHRÄNKE DEINEN FLEISCHKONSUM EIN. SO SCHÜTZT DU DAS KLIMA UND SORGST DAFÜR, DASS TIERE NICHT LEIDEN MÜSSEN.

* Vegane Gerichte und Rezepte findest du beim Food-Blog zuckerundjagdwurst und bei den veganen Köchen und Köchinnen Stina Spiegelberg, Sophia Hoffmann, Sebastian Copien und Attila Hildmann.

WENN DU MEHR KOCHST ALS DU ESSEN KANNST: BEDECKE DEIN ESSEN MIT BIENEN- ODER PFLANZENWACHSTÜCHERN* ANSTATT FRISCHHALTEFOLIE.

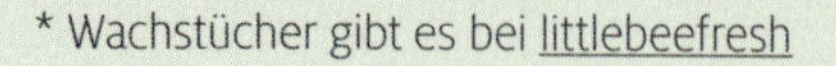

* Wachstücher gibt es bei littlebeefresh

WENN DOCH FLEISCH UND FISCH AUF DEM TELLER LANDEN: ACHTE AUF EINE ÖKOLOGISCHE QUALITÄT DER PRODUKTE. MASSENTIERHALTUNG SOLLTE HEUTZUTAGE NIEMAND MEHR UNTERSTÜTZEN.

WENN
NICHT IN
DIESEM
LEBEN,
WANN
DANN?

KOCHEN OHNE KNOCHEN

»Nicht mal ein wenig Fleisch? Nicht mal ein Ei ... nicht mal Honig?« Nein, keine Eier, kein Honig, keine Milchprodukte und vor allem kein Fleisch. Sooft Oma auch verdutzt nachfragt, ein überzeugter Veganer isst keinerlei tierische Produkte und verzichtet meist auch auf Leder, Wolle und Seide, trinkt veganen Wein und ist gegen die Misshandlung von Tieren.

Der Veganismus ist mittlerweile in aller Munde. Was vor einigen Jahren noch kopfschüttelnd belächelt wurde, ist heute für viele junge und zunehmend auch für ältere Menschen normal: Man kauft im Supermarkt vegane Produkte, man geht ins vegane Restaurant, und selbst Oma hat es irgendwann verstanden.

ES GIBT KEINEN EINFACHEREN UND SCHÖNEREN WEG, DIE WELT ZU RETTEN, TIERE ZU SCHÜTZEN UND DEN KLIMAWANDEL ZU STOPPEN.

Jeder entscheidet selbst, was er isst, aber es lohnt sich, sich diverse Fakten vor Augen zu halten und somit das eigene Ess- und Konsumverhalten zu reflektieren.

Weltweit werden jährlich circa 70 Milliarden Tiere geschlachtet – in Deutschland, sterben pro Tag 2 Millionen Tiere nur für unseren Genuss. Die Überreste von unzähligen Tieren landen sogar im Müll, da das Fleisch nicht vollständig gegessen oder einfach weggeschmissen wird.

In deutschen Hühnerfarmen werden pro Jahr circa 50 Millionen männliche Küken, direkt nachdem sie geschlüpft sind, geschreddert oder vergast, weil sie keine Eier produzieren können und somit keinen Nutzen für die Lebensmittelindustrie haben.

Jede Minute wird Regenwald zerstört, indem eine Fläche, die so groß sind wie drei Fußballfelder, abgeholzt wird, um mehr Platz für die landwirtschaftliche Viehnutzung zu bieten.

91 Prozent der Zerstörung des brasilianischen Amazonasgebiets gehen auf das Konto der Nutztierhaltung und der Beschaffung von Viehfutter. 50 Prozent der weltweit unzähligen Soja- und Getreidefeldern wird an Tiere verfüttert, die dann später auf unserem Teller landen, während unzähli-

ge Menschen auf der ganzen Welt unterernährt sind und hungrig schlafen gehen. Unsere Meere sind schon lange überfischt, aber täglich fahren riesige Schiffe aufs Meer und fischen mit ihren Netzen alles, was übrig ist, ohne Rücksicht auf Verluste.

Wir essen einen Burger mit Rindfleisch-Patty, dessen Herstellung circa 3000 Liter Wasser verbraucht, was ungefähr 20 vollen Badewannen entspricht – in Afrika können Kinder von einem sauber machenden, wohltuenden Bad nur träumen. Die Kühe, die später Hackfleisch in der Bolognesesoße oder weitere Burger werden, produzieren unglaublich viel Methan, welches erhebliche Klimaschäden verursacht.

EIN AUTO MÜSSTE DIE ERDE 5,6 MILLIONEN MAL UMFAHREN, UM DEM JÄHRLICHEN METHANAUSSTOSS VON DEUTSCHEN RINDERFARMEN, VON 2,5 MILLIARDEN LITERN GLEICHZUKOMMEN.

Für die Milch, die immer noch als kalziumhaltiges Supergetränk, welches stark und gesund macht, angepriesen wird, werden Kühe über Jahre andauernd geschwängert, um die Milchproduktion konstant zu halten. Nach der Geburt werden die Kälber meist sofort von der Kuh getrennt und werden selbst Milchkühe oder landen als Kalbsleberwurst auf dem Brot. Die Milchkuh wird nach ungefähr vier bis fünf Jahren geschlachtet, da sie von den ständigen Schwangerschaften ausgelaugt ist und keinen Nutzen mehr für die Milchindustrie darstellt. Eine Kuh wird normalerweise über 20 Jahre alt.

Die Milch ist zudem in keiner Weise so gesund, wie uns das rotbackige Alpenkind mit Milchschnauzer in der Werbung vermitteln will: Milch kann Rückstände von Medikamenten, sowie Eiter und Blut aus den strapazierten Hochleistungseutern enthalten. Rinder, Schweine, Schafe, Hühner, Puten, Gänse und viele andere Tiere durchleben täglich die Hölle, in zu engen Ställen, lebensbedrohlichen Tiertransporten und unethischen Bedingungen und unsäglicher Qual in den Schlachthäusern. Nicht nur, um dieses Leid zu stoppen lohnt sich eine pflanzenbasierte Ernährung. Auch für die eigene Gesundheit kann die leckere Pflanzenkost von Vorteil sein.

Verarbeitetes Fleisch wie Wurst, Sülze etc. ist nachweislich krebserregend, und die gesättigten Fettsäuren und das Cholesterin im Fleisch sind Hauptverursacher für Herzinfarkte und Schlaganfälle – die häufigsten Todesursachen in Deutschland. Stetiger Kuhmilchkonsum steigert den Blutspiegel an insulinähnlichen Wachstumsfaktoren (IGF-1), welche unter anderem Krebszellen zum Wachstum anregen. In Deutschland werden jährlich 742 Tonnen Antibiotika an Nutztiere verfüttert, welche dann in unseren Mägen landen und dort die medizinischen Wirkstoffe freisetzen, die dann Einfluss auf unser Immunsystem und Wohlbefinden haben können.

WIESO LIEBEN WIR HUNDE, KATZEN, MEERSCHWEINCHEN UND WELLENSITTICHE UND ESSEN SCHWEINE, KÜHE UND HÜHNER? WIESO STREICHELN WIR DEN KLEINEN, SÜSSEN HUND VOM NACHBARN, WÄHREND WIR EIN WURSTBROT ESSEN?

Es ist an der Zeit, unsere Essgewohnheiten zu überdenken und den Fleischkonsum stark einzuschränken oder am besten ganz aufzugeben. Aufgeben ist hierbei jedoch nicht das richtige Wort, denn es wird so viel dazugewonnen!

Die pflanzliche Küche ist nicht nur sehr gesund, sondern auch vielfältig und abwechslungsreich.

VERGISS NIE, DASS DIE SALAMI AUF DEINER PIZZA ODER DIE LYONER AUF DEINEM BROT MAL EIN LEBENDIGES, FÜHLENDES LEBEWESEN WAR, WELCHES FÜR DEINEN GENUSS GESTORBEN IST.

Kennst du schon Quinoa, Couscous, Kumquats, Chiasamen, Cashewnüsse, Tempeh, Alfalfasprossen, Spirulina und Matcha? Die vegetarisch-vegane Küche kann exotisch und aufregend sein, aber auch Klassiker wie Kartoffelbrei, Rosenkohl, ein belegtes Brot und Müsli sind schnell und einfach ohne Tierleid zubereitet.

Probiere anstatt Kuhmilch im Kaffee, Hafer- oder Mandelmilch. Pflanzliche Aufstriche mit Tomaten, Linsen oder Aubergine auf Sonnenblumenkern- oder Hefebasis sind herzhaft lecker und ersetzen Leberwurst und Käse auf deinem Brot. Tausche Butter gegen Margarine, Schinken und Ei gegen Räuchertofu oder andere Tofuvarianten, und iss viel Grünzeug in guter Qualität.

Wenn du deinen Fleischkonsum (noch) nicht ganz aufgeben willst, achte darauf, nur noch Fleisch aus ökologischer Tierhaltung zu kaufen und Fleisch bewusst zu verzehren.

VERSUCHE, FLEXETARISCH ZU LEBEN, VEGETARISCH UND VEGAN. FÜR GLÜCKLICHE TIERE, EIN GLÜCKLICHES MITEINANDER, UND FÜR EIN GLÜCKLICHES SELBST.

ZUR RUHE KOMMEN

EIN WARMER TEE ODER EIN ENTSPANNENDER KAKAO MIT CBD* - EIN STOFF IM HANF, WELCHER ENTSPANNT UND SCHMERZLINDERND WIRKT - LÄSST DEN STRESS DES ALLTAGS VERSCHWINDEN.

* Entspannender Hanf-Kakao von ChillChoc

MEDITATION, YOGA ODER EINE ANDERE SPORTART HELFEN, DIE GEDANKEN ZU ORDNEN UND STRESS ABZUBAUEN.

ENDE GUT, ALLES GUT?

Traumhafte, saubere Strände, herrliche Wälder, natürliche Kleidung und Kosmetika ohne Schadstoffe, frisches, naturbelassenes Obst und Gemüse von Feldern, auf denen die Arbeiter gerne arbeiten und fair entlohnt werden. Kein Hunger, keine Verschmutzung, kein Überkonsum, ein ausgewogenes Miteinander von Mensch, Tier und Natur.

So kann unsere Zukunft aussehen, wenn jeder Einzelne nachdenkt, umdenkt, und jetzt beginnt, nachhaltig zu handeln. Verbreite dein (neuhinzugewonnenes) Wissen, rede mit deinen Freunden, Kollegen und Familienmitgliedern und erzähle ihnen vom nachhaltigen Lebensstil.

Wenn wir es gemeinsam schaffen, im Alltag umweltbewusst zu handeln, ist der Grundstein für ein bewussteres und friedvolleres Leben gesetzt.

Darüber hinaus gibt es aber noch viele weitere Bereiche, die man nachhaltiger gestalten kann.

Eine umweltfreundliche und friedliche politische Sichtweise, gut angelegtes Geld – bei Banken, die Umweltprojekte statt Kohlekraftwerke fördern.

Aktivismus für Tiere, benachteiligte Menschen, Armut, Ungerechtigkeit.

Du wirst bestimmt deinen Weg finden, um die Welt besser zu machen, jede noch so kleine, nachhaltige Handlung ist wertvoll.

ZUSAMMEN RETTEN WIR DIE WELT.

Danke, dass du mithilfst, unsere Welt besser zu machen – mit jedem kleinen Schritt in Richtung einer harmonischen, bewussten Lebensweise aller, wird die Zukunft ganz bestimmt wundervoll.

AM ENDE
WIRD ALLES
GUT. UND
IST ES NICHT
GUT, IST ES
NICHT DAS ENDE.

PRODUKTEMPFEHLUNGEN

NAHRUNGSMITTEL

- Kompostierbare und plastikfreie Kaffeekapseln von beanarella
- Bio-Tees von Yogi Tea und Sonnentor
- Krummes Bio-Obst und Bio-Gemüse gibt es bei Etepetete und Rübenretter
- Entspannender Hanf-Kakao von ChillChoc
- Fairtrade-Kaffeebohnen von GEPA Kaffee

KOSMETIK UND BADEZUBEHÖR

- Seifen von Duschbrocken, Zhenobya, Küstenseifen
- Rasierer aus recycelten Joghurtbechern von preserve
- Handtuch aus Buchenholzfaser und Biobaumwolle von kushel
- Biologische Zahncreme mit Kräutern, ohne Fluorid von alviana
- Zahnputz-Tabs von DENTTABS
- Bambuszahnbürste von hydrophil
- Miswakzweig zum Zähne putzen von Zweigbrush
- Naturzahnseide, mit Pflanzenwachs gewachst von bambusliebe oder mit Bienenwachs von Pure Nature
- Kosmetik im Glas- oder Keramiktiegel von Primavera und Martina Gebhardt
- Edelstahl-Rasierhobel »Butterfly« im waschbär Onlineshop und Edel-

stahl-Rasierer mit schwenkbarem Kopf von Leaf Shave

- Bio-Tampons von einhorn, ECO by Naty und im Abo von The Female Company
- Wiederverwendbare Wattepads aus Baumwolle von Anae
- Langlebiges Ohrenstäbchen »Oriculi« von lamazuna

MODE

- Stylische Öko-Labels: armedangels, Thinking Mu, lovjoi eyd Clothing und wunderwerk
- Online Secondhandkleidung shoppen: kleiderkreisel.de
- Greenality, glore und deargoods haben mehrere faire Modeläden in ganz Deutschland. Online findest du faire Mode bei avocadostore.de.

ORGANISATIONEN UND VEREINE

- Mit Atmosfair oder Myclimate Flüge kompensieren
- Der Verein Viva Con Agua setzt sich für weltweit sauberes Trinkwasser ein

- Setzen sich für faire Mode ein: Fair Wear Foundation und Clean Clothes Campaign
- Gemüse aus solidarischer Landwirtschaft: solidarische-landwirtschaft.org

- Gegen die Verschwendung von Lebensmitteln: foodsharing.de

WASCH- UND PUTZMITTEL

- Waschmittel von ecover
- 100 Prozent recyclebarer Waschbeutel von GUPPYFRIEND
- Ökologisch kraftvoll putzen mit Produkten von sonett und FROSCH
- Schwammtücher von memo

AUFBEWAHRUNG UND NÜTZLICHE DINGE

- French Press aus Edelstahl von Groenenberg
- Auslaufsichere Edelstahl-Box von Eco Brotbox
- Isolierter Becher aus lebensmittelechtem Edelstahl von kivanta
- Tolle Glasflaschen mit Druckverschluss von Soulbottles
- Netz aus Bio-Bauwollgarn von Re-Sack
- Strohhalm aus Glas von HALM und aus Edelstahl von KleanKanteen
- Bienen- und Pflanzenwachstücher gibt es bei littlebeefresh

ONLINEANGEBOTE, MEDIA, APPS UND LÄDEN

- Pflanzlicher Onlineshop alles-vegetarisch.de
- Auf der Website the-glow.de Kosmetik selber machen
- Bei ecco-verde.de findest du tolle Naturkosmetik-Produkte
- Kleines Helferlein für Inhaltsstoffe: Die App Codecheck
- Bio einkaufen bei: Alnatura, denn's, Bio Basic, Naturgut, Erdi, Naturata, Voll Corner und Bio Company. Einkauf ohne tierische Produkte: veganz
- Vegane Gerichte und Rezepte gibt es beim Blog zuckerundjagdwurst

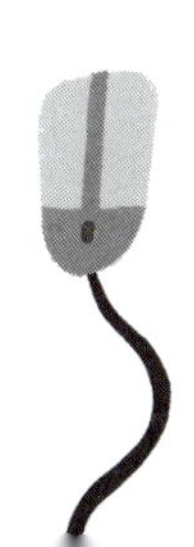

- Saisonkalender bei erdretter.de
- Fair telefonieren mit goood mobile
- Nachhaltiges, mobiles Banking mit tomorrow. Nachhaltig Geld anlegen bei der GLS Bank, UmweltBank und triodos Bank

INSPIRIERENDE MENSCHEN

- Madeleine Daria Alizadeh mit dem Podcast »a mindful mess«, Blog »DariaDaria« und Eco-Fashion-Label »dariadéh«
- Justine Siegler mit dem Blog »justinekeptcalmandwentvegan«
- Marie Nasemann mit dem Fair-Fashion-Blog »fairknallt«
- Milena Glimbovski mit dem Unverpackt-Laden »Original Unverpack« in Berlin
- Aljosha Muttardi und Gordon Prox mit dem Youtube-Kanal »Vegan ist ungesund«
- Franziska Schmid mit dem Blog »Veggie Love«
- Veganen Köche und Köchinnen: Stina Spiegelberg, Sophia Hoffmann, Sebastian Copien und Attila Hildmann
- Infuelncerinnen mit Sinn: Anna Laura Kummer, Hannah Nele, Jule Amelie, Vivien Belschner (»Vanillaholica«) Franzi Schädel, Louisa Dellert, Nadine Schubert, Corinna Borucki, Jenni Marr und Laura Junge (»Lustesser«)

QUELLENANGABEN

ONLINE:

Bio-Lebensmittel von Almut Röhrl und Tobias Aufmkolk unter: https://www.planet-wissen.de/gesellschaft/lebensmittel/bio_lebensmittel/index.htmll, zuletzt geprüft am 28.06.2019

Bioland Richtlinien unter: https://www.bioland.de/fileadmin/dateien/HP_Dokumente/Richtlinien/Bioland_Richtlinien_27_Nov_2018.pdf, zuletzt geprüft am 28.06.2019

Child labour in the fashion supply chain. Where, why and what can be done von Josephine Moulds unter: https://labs.theguardian.com/unicef-child-labour/, zuletzt geprüft am 28.06.2019

Das Plastik in uns von Jakob Simmank und Sven Stockrahm unter: https://www.zeit.de/wissen/umwelt/2018-10/mikroplastik-kunststoff-meer-gesundheit-ernaehrung-tiere-gefahren#3-was-mikroplastik-fuer-den-menschen-bedeutet-ist-voellig-unklar, zuletzt geprüft am 28.06.2019

Die Modeindustrie ist der zweitgrößte Umweltverschmutzer auf der Welt unter: https://www.maxwellscottbags.de/journal/modeindustrie-umweltverschmutzer/, zuletzt geprüft am 28.06.2019

Fairtrade-Standards unter: https://www.fairtrade-deutschland.de/was-ist-fairtrade/fairtrade-standards.html, zuletzt geprüft am 28.06.2019.

Fakten zu Bambus unter: https://www.btn-europe.de/pdf/dokumente/rohstoffe-der-zukunft.pdf, zuletzt geprüft am 28.06.2019

Fakten zur Lebensmittelverschwendung unter: https://www.muttererde.at/fakten/, zuletzt geprüft am 28.06.2019

Fakten zu Plastik im Meer unter: https://www.duh.de/plastik-im-meer/, zuletzt geprüft unter 28.06.2019

Folgen des AbbausAuswirkungen des Bodenschätze-Abbaus auf Tropenwälder unter: https://www.regenwald-schuetzen.org/verbrauchertipps/bodenschaetze/folgen-des-abbaus/, zuletzt geprüft am 28.06.2019

Mikroplastik im Wasserkreislauf unter: https://www.fona.de/de/mikroplastik-im-wasserkreislauf, zuletzt geprüft am 28.06.2019

Mikroplastik in der Umwelt. Vorkommen, Nachweis und Handlungsbedarf von Bettina Liebmann unter: http://www.umweltbundesamt.at/fileadmin/site/publikationen/REP0550.pdf, zuletzt geprüft am 28.06.2019

Arbeiten und Sterben im Faserland von Jannis Brühl unter: https://www.sueddeutsche.de/wirtschaft/textilindustrie-in-bangladesch-arbeiten-und-sterben-im-faserland-1.1661365-2, zuletzt geprüft am 28.06.2019

Palmöl in Kosmetik und Lebensmitteln: 25 heimtückische Bezeichnungen für Palmöl unter: https://utopia.de/ratgeber/palmoel-vermeiden/, zuletzt geprüft unter 28.06.2019

Plastikmüll und seine Folgen, Abfälle bedrohen Vögel, Delfine und Co unter: https://www.nabu.de/natur-und-landschaft/meere/muellkippe-meer/muellkippemeer.html, zuletzt geprüft am 28.06.2019

Polyethylenglykol: Was du über PEG in Kosmetika wissen solltest von Luise Rau unter: https://utopia.de/ratgeber/polyethylenglykol-was-du-ueber-peg-in-kosmetika-wissen-solltest/, zuletzt geprüft am 28.06.2019

Putzmittel schaden genauso wie Zigaretten unter: https://www.scinexx.de/news/biowissen/putzmittel-schaden-genauso-wie-zigaretten/, zuletzt geprüft am 28.06.2019

Regenwaldfläche so groß wie England 2018 abgeholzt unter: https://www.weltagrarbericht.de/aktuelles/nachrichten/news/de/33679.html, zuletzt geprüft am 28.06.2019

Siegelklarheit unter: https://www.siegelklarheit.de/home#textilien, zuletzt geprüft am 28.06.2019

The World Lost a Belgium-sized Area of Primary Rainforests Last Year von Mikela Weisse und Liz Goldman unter: https://blog.globalforestwatch.org/data-and-research/world-lost-belgium-sized-area-of-primary-rainforests-last-year, zuletzt geprüft am 28.06.2019

Tipps für Ihren klimafreundlichen Einkauf unter: http://www.nachhaltig-einkaufen.de/nachhaltig-einkaufen/klimafreundlich-stromsparend/essen-trinken2/essen-trinken3, zuletzt geprüft am 28.06.2019

Umweltschutz im Haushalt, richtig putzen – Umwelt schützen unter: https://www.bundesregierung.de/breg-de/aktuelles/richtig-putzen-umwelt-schuetzen-419916, zuletzt geprüft am 28.06.2019

Use of endocrine disrupting chemical BPS in thermal paper is increasing, but where's the action? von Michael Warhurst unter: https://www.chemtrust.org/tag/bpa/, zuletzt geprüft am 28.06.2019

Warum Vegan? von Cosima-Delila Bode unter: https://ricemilkmaid.de/wp-content/uploads/2016/08/20-Fakten-Vegan.png, zuletzt geprüft am 28.06.2019

Wassernot von Tobias Aufmkolk unter: https://www.planet-wissen.de/natur/umwelt/wassernot/index.html, zuletzt geprüft am 28.06.2019

Which Everyday Products Contain Palm Oil? unter: https://www.worldwildlife.org/pages/which-everyday-products-contain-palm-oil, zuletzt geprüft unter 28.06.2019

Wider die Verschwendung, vom Umweltbundesamt unter: https://www.umweltbundesamt.de/themen/wider-die-verschwendungl, zuletzt geprüft unter 28.06.2019

Wir hoffen, dass Bisphenol A verboten wird von Manuel Fernández und Britta Fecke unter: https://www.deutschlandfunk.de/chemische-verbinung-wir-hoffen-dass-bisphenol-a-verboten.697.de.html?dram:article_id=409303, zuletzt geprüft am 28.06.2019

Schluss mit der Wegwerfmentalität. Tipps gegen die Lebensmittelverschweung von der Deutschen Welthungerhilfe unter: https://www.welthungerhilfe.de/aktuelles/blog/lebensmittelverschwendung/?gclid=EAIaIQobChMI_PqcndmJ4wIVDed3ChojywkxEAAYASAAEgKdpvD_BwE, zuletzt geprüft am 28.06.2019

Zehn Siegel für nachhaltige Textilien von Lesley Sevriens unter: https://werde-magazin.de/10-siegel-fuer-nachhaltige-textilien/, zuletzt geprüft am 28.06.2019

187 Staaten schließen Pakt gegen Plastikmüll unter: https://www.n-tv.de/politik/187-Staaten-schliessen-Pakt-gegen-Plastikmuell-article21019068.html, zuletzt geprüft am 28.06.2019

FILME:

The True Cost – Der Preis der Mode, Regie: Andrew Morgan, Produzent:Michael Ross, USA 2015.

Die grüne Lüge, Regie: Werner Boote, Produzent: Werner Boote, Deutschland, März 2018

BÜCHER:

Greger, Micheal; Stone, Gene: **How Not to Die**, Macmillan; Unicmedia, 2016

Volland, Leena; Schreckenbach, Florian: **Dein Weg zur Nachhaltigkeit: 350 praktische Tipps für den Alltag**, 1. Auflage, Books on Demand, 2016

WER HAT'S GEMACHT?

Vegan, plastikfrei und Bio-Lebensmittel sind für Franziska Viviane Zobel keine Fremdwörter – eher eine große Leidenschaft.

Für die Designerin und Illustratorin gibt es nichts Schöneres als Kreativität mit Nachhaltigkeit zu verbinden.
In diesem Buch versucht sie, mit lustigen, verspielten Illustrationen und informativen Tipps Jung und Alt, für einen nachhaltigen Lebensstil zu begeistern.

Franziska Viviane Zobel lebt mit ihrem Freund am Rosensteinpark in Stuttgart.

WWW.FRANZISKAVIVIANEZOBEL.NET

FRANZIZO

ES IST,
WIE ES IST.
ABER ES
WIRD, WAS
DU DARAUS
MACHST.